Strandsteine für Kids

Strandsteine für Kids

Sammeln & Bestimmen von Steinen an der Nord- und Ostseeküste

von

Frank Rudolph

illustriert von
Lutz Mathesdorf

Wachholtz

ISBN 978-3-529-05414-3

2. Auflage 2010
Wachholtz Verlag, Neumünster

Inhaltsverzeichnis

Ein Wort vorweg...

Wer hat nicht schon einmal am Strand Steine gesammelt? Tausende liegen dort, von den Gletschern der Eiszeit vor mehr als 12.000 Jahren einfach hier abgeladen. Sie erzählen uns heute von ihrer Heimat in Dänemark, Schweden, Norwegen oder Finnland. Einige der Steine sind 2 Milliarden Jahre alt, das ist halb so alt wie die Erde. Andere bringen es „nur“ auf wenige Millionen Jahre. Manchmal sind sogar versteinerte Überreste früher Lebewesen in den Felsen eingeschlossen.

Der Strand hält viele Überraschungen bereit – gerade für Kinder.

Kennt ihr Steine, die man riechen oder hören kann? Blutwurststeine, Magnetischen Sand und faule Steine?
Wir wollen uns auf Entdeckungstour begeben, die Spuren der Eiszeit suchen und vielleicht einige Gesteinsbrocken nach Hause transportieren. Vielleicht werden wir uralte Tiere aus ihrem steinernen Gefängnis befreien.

Ganz sicher aber werden wir den Hauch der Jahrmillionen spüren und in die Urgeschichte der Erde hinabtauchen – wetten, dass das spannend ist?

Und dabei lernen wir, welche Arten von Steinen es gibt, wie alt sie sind, wo sie herkommen und welche Tiere zur Zeit der Dinosaurier hier gelebt haben. Und wir werden sogar eine eigene Gesteins-Sammlung anlegen können. Mit Erklärungen, versteht sich.

Na? Lust auf Steine, Strand und Donnerkeil?

Wir stellen uns vor

1700

Dieses Zeichen steht für die Erdurzeit und kennzeichnet Steine die älter als 1 Milliarde (= 1000 Millionen) Jahre sind.

500

Der Trilobit oder Dreilapper lebte im Meer des Erdaltertums. Steine mit diesem Symbol sind 550 bis 300 Millionen Jahre alt.

Goddag! Ich bin **Erik**, der Wikinger. Meine Heimat ist **Dänemark**. Vielleicht habt ihr in meiner Heimat schon einmal Urlaub gemacht: an der Nordsee mit den weiten Sandstränden oder den Inseln in der Ostsee. Die Steine, die in meinem Land entstanden sind, bildeten sich größtenteils vor 10 bis 70 Millionen Jahren. Das ist in der Erdgeschichte noch recht jung.

Ha en god dag!
Man nennt mich **Knolle Troll**. Ich komme aus **Norwegen**, dem Land der Fjorde. Bei uns gibt es hohe Berge, die steil ins Meer abfallen. Im Süden meines Landes hat es vor 300 Millionen Jahren viele Vulkanausbrüche gegeben. Dabei sind besonders hübsche Steine entstanden.

Hallo zusammen! Ich heiße **Pauli**. Ich begleite euch durch das Buch und zeige euch viele interessante Dinge.

70

Die Dinosaurier bevölkerten im Erdmittelalter vor 250 bis 65 Millionen Jahren die Erde. Steine mit diesem Zeichen sind zur Zeit der Dinosaurer entstanden.

20

Das Mammut steht für das Zeitalter der Säugetiere, die Erdneuzeit. Steine mit diesem Merkmal sind jünger als 60 Millionen Jahre.

Hyvää päivää! Das ist finnisch und heißt „Guten Tag“. Ich bin **Lena**, das Rentier, und wohne in **Finnland**, dem östlichsten Land Skandinaviens. Bei uns gibt es sehr viele Seen, Flüsse und Wasserfälle. Mitten in der Ostsee liegt eine kleine Inselgruppe, die Åland-Inseln. Auch die gehören zu Finnland und Steine von diesen Inseln findet ihr bei euch am Strand.

Hej! Ich bin **Sören**, der Elch. Ich lebe in **Schweden**. Hier gibt es riesige Wälder und große Seen. Die Felsen in meinem Land sind zum Teil uralt, bis zu 2 Milliarden Jahre – das ist fast halb so alt wie die Erde. Die meisten Steine, die du am Strand in Norddeutschland findest, sind hier in Schweden entstanden.

Moin, moin! Mein Name ist **Fiete** und ich komme aus **Norddeutschland**. Wir haben hier viel Strand an der Ostsee und Nordsee. Das Land dazwischen ist völlig flach. Bei uns sieht man keinen gewachsenen Felsen, nur Sand und lose Steine.

Wie kommen die Steine an den Strand?

Noch vor 12.000 Jahren waren weite Teile Norddeutschlands mit Gletschereis bedeckt.

Dicke Eismassen schoben sich aus dem Norden bis in unsere Heimat.

In Norwegen und Schweden schneite es so heftig, daß der Schnee auch im Sommer nicht mehr abtauen konnte. Es türmten sich gewaltige Schneeberge auf. Ihr habt sicher schon einmal eine Schneeballschlacht gemacht. Wenn man einen Schneeball lange drückt, wird aus dem Schnee Eis. Jeder, der schon einmal Schnee geschaufelt hat, weiß, wie schwer diese weißen Flocken sein können. Und so wird in Skandinavien durch das große Gewicht aus dem gefallenen Schnee schließlich Eis.

Es schneit immer mehr und die Eisdecke schiebt sich gewissermaßen nach vorn. Warum? Ihr kennt alle das Restaurant „Zur goldenen Möwe“. Wenn man in einen Hamburger beißt, spritzt hinten Ketchup heraus. Der Druck wird vorne zu groß, die Tomatensoße beginnt zu fließen, dorthin, wo die Brötchenhälften leicht auseinander klaffen. Ähnlich verhält es sich

mit dem Eis. Das Gewicht der Schneemassen ist sehr groß, der Druck zu hoch. Das Eis beginnt zu fließen. Dieser Eispanzer, man spricht von einem Gletscher, schiebt sich nach Süden. Unterwegs nimmt er alle Steine und Felsbrocken mit, die auf seinem Weg lagen, festgefroren in seinem Bauch.

Irgendwann erreicht der Gletscher dann Schleswig-Holstein und Mecklenburg-Vorpommern. Und dann hört es auf zu schneien. Der Gletscher bleibt stehen und als er abtaut, lässt er all die großen und kleinen Steine zurück, die er unterwegs mitgenommen hatte.

Alle unsere Steine am Strand stammen also aus dem Norden.

Sie sind in Dänemark, Norwegen, Schweden oder Finnland entstanden und dann mit dem Eis bis zu uns transportiert worden. Und weil die Gletscher die nordischen Steine zu uns geschoben haben, nennt man sie auch Geschiebe.

Der Findling

Ich bin ein Findling und vor vielen tausend Jahren nach einer langen und anstrengenden Reise hier gelandet. Meine Heimat liegt in Schweden. Dort bin ich vor sehr, sehr langer Zeit entstanden. Nur ein schmaler Riss war zwischen mir und meiner Familie. Eines Tages drang Wasser in den Riss ein.
Als es draußen immer kälter wurde, gefror das Wasser zu Eis, der Riss wurde dadurch größer und ich wurde aus meinem Zuhause herausgerissen. Im Norden schneite es immer mehr und der Schnee wurde zu Eis. Schließlich begann das Eis sich zu bewegen.

Der Gletscher schob sich nach Süden und nahm mich mit.

Es ging über Berg und Tal, über felsigen Untergrund und Schotterfelder. Seht ihr die Kratzer und Schrammen auf meiner Oberfläche? Die sind entstanden, als ich über harte Steine geschoben wurde. Der feine Sand hat meine Haut poliert, so daß sie ganz glatt wurde. Dann hörte es auf zu schneien, der Gletscher kam zum Stillstand und taute langsam ab. Ich wurde aus meinem Gefängnis aus Eis befreit.

Schließlich blieb ich mitten in Schleswig-Holstein liegen.

Ich war fix und fertig, sozusagen am Boden zerstört. Meine schönen Ecken und Kanten, auf die ich so stolz war, wurden alle abgerieben. Ich war total zerkratzt. Das war also das Ende der Reise und dies sollte meine neue Heimat sein?
Ich schaute mich um und konnte keine Felsen mehr entdecken. Ich sah überall nur kleine und große Steine. Sie alle wurden von dem Eis hierher geschoben. Sie waren alle angeschlagen, geritzt und ganz schön erschöpft.
Einige meiner Kameraden haben die Tour auch nicht überstanden, sie wurden gestoßen, geschlagen, abgeschliffen und am Ende zu Sand zerrieben. Aber viele meiner Freunde, die mit mir unterwegs waren, könnt ihr noch am Strand finden.

Schaut Euch nur ‘mal um. Sie alle können Euch Geschichten erzählen:

Wo sie herkommen, wie die mächtigen Gletscher sie hierher brachten und was sie unterwegs alles erlebt haben.

Gletscherschrammen

Betrachtet man die Strandsteine genau, so kann man häufig Spuren erkennen, die von den gewaltigen Kräften der eiszeitlichen Gletscher zeugen. Manche Steine sind total zerkratzt. Diese Schrammen sind in der Eiszeit entstanden. Der Boden war gefroren und darin steckten viele kleine Steinchen. Wenn der Gletscher nun einen Stein über den rauen Untergrund schiebt, ist es so, als würde man ihn mit Schmirgelpapier bearbeiten. Man spricht dann von **Gletscherschrammen**.

Druckmarken

Einige Feuersteine haben auf der Oberfläche bogenförmige Linien, als hätte jemand mit dem Fingernagel ein Muster hinein gedrückt. Diese **Druckmarken** sind entstanden, als der mächtige Gletscher den kleinen Stein auf einen anderen gepresst hat.

im Schmelzwasser abgerollte Steine

Wenn der Gletscher abtaut, tritt aus dem Gletschertor **Schmelzwasser** heraus. Das Schmelzwasser spült den Sand und die Steine aus dem Gletscher fort. Manchmal entstehen reißende Flüsse, die sehr schnell fließen. Die Steine werden mitgerissen und stoßen in der Strömung aneinander. Die Ecken werden mit der Zeit immer kleiner und schließlich sind die Steine kugelrund.

Nach einer Eiszeit wachsen in weiten Gegenden keine Bäume oder Sträucher. Eisiger Wind bläst über die Steppenlandschaft, Sand wird aufgeweht. Vielleicht habt ihr in den Dünen oder am Strand schon einmal einen Sturm erlebt. Dann wisst ihr, dass Sand im Gesicht und an den Händen richtig weh tun kann. Und dieser Sand kann sogar Steine schleifen, wie bei einem Sandstrahlgebläse. Nach langer Zeit entstehen hierbei **Windkanter**.

Windkanter

Steine sammeln – wer tut es nicht, die Erwachsenen genauso wie die Kinder. Und wozu? Man bückt sich nach Steinen, die besonders schön aussehen: rot oder gelb, gestreift oder gefleckt, kugelrund oder herzförmig.

Schatzsucher versuchen, Bernstein zu finden. Mit flachen Steinen kann man flippern. Wer schafft die meisten Hopser über's Wasser? Oder Basteln: Steinfiguren, Serviettentechnik, Bemalen. Einige Steine haben Löcher, kleinere kann man sogar als Kette tragen. Manche Steine sind durchscheinend, wenn man sie gegen das Licht hält, besonders wenn sie nass sind. Mit weißen Steinen kann

man schreiben und die großen Findlinge am Strand mit Mustern oder Namen verzieren.
Wer besonders kreativ ist, kann mit verschiedenfarbigen Steinen Figuren oder Mosaiken in den Sand legen. Habt ihr schon einmal zwei genau gleiche Steine gefunden? Gleiche Größe, gleiche Farbe, gleiches Muster? Ihr könnt einen Wettbewerb machen: Wer kann den höchsten Turm aus Steinen bauen? Immer nur einen auf den anderen legen. Meister im Strandsteinestapeln schaffen zehn und mehr.

Stranddetektive wollen mehr über die Steine wissen.

Ihren Namen, wo sie herkommen und wie alt sie sind. Woran kann man sie erkennen und wie sind sie entstanden? Man kann am Strand sogar Versteinerungen finden, Tiere, die viele Jahrmillionen alt sind. Donnerkeile und Seeigel haben zur selben Zeit wie die Dinosaurier gelebt.

Also, Augen auf und Nase runter. Wir gehen am Strand auf Entdeckungsreise.

Die eigene Sammlung

Ich bin sicher, von jeder Strandtour bringt ihr Eimer, Taschen und Tüten voller Steine mit nach Hause. Selbstgesammelte Schätze, Erinnerungsstücke an den Urlaub oder Dekorationsobjekte für das Kinderzimmer.

Tipp:

Es gibt verschiedene Möglichkeiten, eine eigene Steinsammlung anzulegen. Ihr könnt eure Sammlung zunächst in einem flachen Karton oder einer Holzkiste unterbringen. Mit Pappstreifen könnt ihr euch kleine Fächer einteilen. Oder ihr stellt Kästchen hinein. Hier eignen sich Pralinenschachteln, Streichholzschachteln oder ihr schneidet den Boden von Nudelkartons, Milchtüten oder Cornflakes-Verpackungen mit zwei Zentimeter hohem Rand ab.

In die Schachteln könnt ihr eure Steine legen, dazu einen Zettel mit der **Bestimmung und, ganz wichtig (!), mit dem Fundort**. Schließlich kann euer Fund an einem Strand sehr selten, an einem anderen sehr häufig sein. Nur ihr wisst, wo der Stein gefunden wurde, bestimmen kann ihn später auch ein anderer.

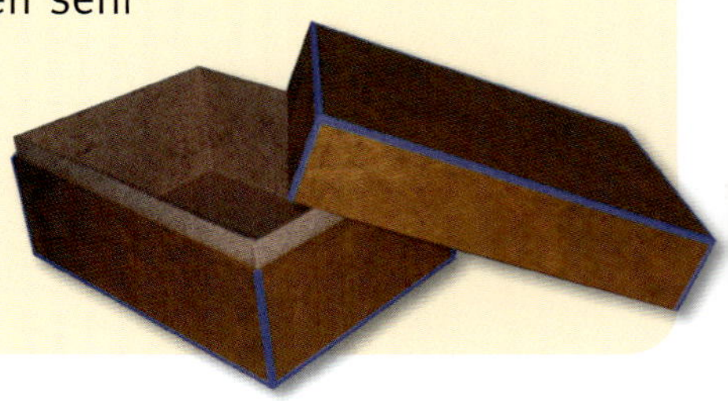

Zuerst werdet ihr wohl alles mitnehmen, was nicht weglaufen kann. Steine, Muscheln und Schnecken, Krebspanzer und geschliffene Glasscherben. Aber spätestens ab Karton siebenundzwanzig müsst ihr euch aus Platzgründen einschränken. Man kann den Schwerpunkt auf eine bestimmte Fundregion setzen, beispielsweise die Lieblingsküste am Urlaubsort. Oder man sammelt nur Feuerstein oder Porphyre oder Lochsteine. Auch Versteinerungen sind ein sehr interessantes Sammelgebiet. Im Laufe der Zeit werdet ihr steinreich und dabei eine tolle Sammlung zusammentragen und sehr viel über die Natur, die Erdgeschichte und die Eiszeiten lernen. Aber passt auf:

wenn euch einmal der Steinesammel-Virus infiziert hat, kommt ihr nicht mehr davon los.

Wieviel ist eine Million?

Stellt euch vor, Ihr habt ein neues Fach in der Schule: Zählen. Und es gibt nur noch dieses eine Fach, kein anderes mehr. Ihr beginnt zu zählen, wenn ihr in die Schule kommt, von der ersten Klasse an. Jede Sekunde eine Zahl. Ihr zählt 5 Stunden am Tag und 5 Tage in der Woche. Na gut, ihr habt 10 Wochen Ferien im Jahr, denn ihr müsst euch ja auch einmal erholen.

Ihr geht 9 bis 13 Jahre zur Schule. Und wenn ihr dort nichts anderes tun würdet als zählen, dann könntet ihr am ersten Tag bis 18.000 zählen. Ihr wäret nach 1 Woche bei 90.000, nach 1 Jahr bei 3.780.000, nach 9 Jahren Schulzeit bei 34 Millionen (also mitten in der Tertiär-Zeit) und nach 13 Schuljahren bei 49 Millionen. Und da waren die Dinosaurier schon 16 Millionen Jahre lang ausgestorben!

Übrigens, um bis zum Beginn des Kambriums zu zählen, als sich das Leben auf der Erde plötzlich sprunghaft entwickelte, müsstet ihr 144 Jahre zur Schule gehen. Und um das durchschnittliche Alter eines Granites zu erreichen, dürftet ihr sogar 425 Jahre die Schulbank drücken. Aber ob ihr dazu Lust hättet?

450 Mio. Jahre alt
1600 Mio. Jah
550 Mio. Jahre alt
Mio. Jahre alt
70 Mio. Jahre alt

Das geologische Jahr

Die Geschichte der Erde beginnt vor 4,8 Milliarden Jahren. Da wir uns diese riesige Zahl nicht vorstellen können, packen wir die ganze Erdgeschichte in ein einziges Jahr. Jetzt im Moment ist Silvester, der 31. Dezember, 24.00 Uhr.

1. Januar

Um 0.00 Uhr ist die Welt entstanden.

25. Februar

Die Erdkruste erstarrt vor etwa 4 Milliarden Jahren.

14. April

Die ältesten, mikroskopisch kleinen Lebewesen ohne Zellkern sind 3,75 Milliarden Jahre alt.

20. September

Die ersten Zellen mit Zellkern entstanden vor 1,3 Milliarden Jahren.

4. November

Die ersten Vielzeller erscheinen.

15. November

Das Zeitalter der Trilobiten bricht vor 545 Millionen Jahren an.

20. November

Im Ordovizium vor 450 Millionen Jahren entwickeln sich die meterlangen Kopffüßer, die wir auch am Strand finden können.

24. November

Im Silur erobern die Pflanzen das Land.

29. November

Im Devon wagen auch die Tiere den Schritt an Land.

5. Dezember

Die großen Steinkohlenwälder mit 40 Meter hohen Schachtelhalmen finden wir im Karbon.

8. Dezember

Im Perm entwickeln sich die ersten säugetierähnlichen Reptilien.

12. Dezember

Das Erdmittelalter beginnt. Erste Säugetiere treten auf.

16. Dezember

Die Jurazeit wird von Dinosauriern beherrscht. Der Urvogel lebt in Süddeutschland, die Meere sind voll von Ammoniten.

19. Dezember

Am Ende der Kreidezeit sterben die Dinosaurier, die Ammoniten und Belemniten (=Donnerkeile) aus.

26. Dezember

Das Tertiär ist das Zeitalter der Säugetiere.

31. Dezember

Im Quartär gab es die großen Eiszeiten. Wir haben Silvester.

31. Dezember

Ein Gestein besteht meistens aus verschiedenen Mineralen. Um ein Gestein bestimmen zu können, muss man also seine Minerale kennen. Jedes Mineral hat eine eigene Farbe. Beim **Granit** heißen die rosaroten Minerale Feldspat, die weißen Quarz und die schwarzen Glimmer. Granit hat also drei Farben. Nur wenige Gesteinsarten bestehen aus einer einzigen Mineralart und sind somit einfarbig. Feldspat kann übrigens auch weiß, gelb oder grün sein. Glimmer ist meist blättrig und glänzt in der Sonne. Und der Strandsand besteht aus unzähligen feinen Quarzkörnchen.

Magmagestein: Tiefengestein (Granit)

Man unterscheidet verschiedene Arten von Gesteinen. Geschmolzenes Gestein nennt man Magma. Wenn die Gesteinsschmelze tief unten in der Erde wieder erstarrt, entsteht ein Tiefengestein wie der Granit. Tritt das Magma bei einem Vulkanausbruch an der Erdoberfläche aus, entsteht ein vulkanisches Gestein wie **Porphyr** oder Basalt. Solche Gesteine nennt man magmatisch. Porphyre enthalten oft kleine Kristalle, die sie aus dem Bauch der Erde mitgebracht haben. Man nennt sie Einsprenglinge.

Magmagestein: Vulkangestein (Porphyr)

Ablagerungsgestein (Sandstein)

Ablagerungsgesteine oder Sedimente lagern sich am Meeresgrund ab. Hierher gehören Kalkstein und **Sandstein.** Sie können manchmal Versteinerungen von Tieren oder Pflanzen enthalten, die im Urmeer gelebt haben. Sie sind meistens deutlich geschichtet.

Die dritte große Gesteinsgruppe sind die Umwandlungsgesteine, die durch Druck und Hitze aus anderen Gesteinen entstehen. Durch gewaltigen Gebirgsdruck wird beispielsweise aus dem Granit mit rundlichen oder eckigen Kristallen ein **Gneis** mit langen Streifen. Diese Gesteine heißen metamorph.

Umwandlungsgestein (Gneis)

Steine mit Streifen und Bändern

Manchmal zerbricht ein Felsen, zum Beispiel durch Erdbeben. Es entstehen Risse im Gestein. Diese Risse werden später von flüssiger Lava oder von in Wasser gelösten Mineralen wieder ausgefüllt. Es entsteht ein neues Gestein in den Spalten. Manchmal ist das ein roter Granit in einem dunklen Basalt wie auf dem großen Bild oben. Oder ein dünner Riss wird von einem weißen Quarzband wieder verkittet. (Bild oben rechts)

Steine mit Falten

Irgendwann einmal ist ein Stein entstanden, vielleicht ein Granit. Dann ist der Granit zum Teil wieder aufgeschmolzen, aus dem Granit wurde ein sogenannter **Migmatit** (wie auch im großen Bild auf der linken Seite). Unter Gebirgsdruck sind dann die gerade neu gebildeten hellen Bänder verbogen worden. So sind die Falten entstanden. Der abgebildete Stein hat also schon sehr viel erlebt.

Steine mit Flecken

1300

Man findet häufig rote Sandsteine, die regelrecht gesprenkelt aussehen. Die hellen Flecken sind durch Verwitterung entstanden. Kleine Mineralkörnchen im Sandstein sind gealtert und der Bereich um sie herum ist ausgeblichen. Es gibt auch helle Sandsteine mit dunklen Flecken, die man aufgrund ihres gescheckten Aussehens **Leoparden-Sandstein** nennt. Aber keine Angst, gefährlich sind sie nicht.

Im Bild rechts seht ihr einen Granit, darin eingeschlossen ist ein dunkler Basalt.

Der Stein im Stein

Manche Gesteine enthalten Einschlüsse von fremden Steinen. Im Bild seht ihr einen Granit, darin eingeschlossen ist ein dunkler Basalt. Granit entsteht aus geschmolzenem Gestein, dem Magma. Wenn das Magma abkühlt, wachsen die Kristalle des Granites. Nun war aber nicht alles Gestein der Umgebung geschmolzen, ein paar Brocken blieben übrig. Und die sind nun im Granit eingebacken. Man nennt sie **Xenolithe**. *Xenos* ist griechisch und bedeutet *fremd*, *lithos* ist der *Stein*. Xenolithe, *fremde Steine*, findet man auch in Steinen, die durch einen Vulkanausbruch entstanden sind, den Porphyren. Auch hier schwammen in der flüssigen Lava manchmal noch ungeschmolzene, meist dunkle Gesteinstrümmer.

60-70

Steine mit Löchern

In manchen Gegenden hat man früher solche Steine in den Hühnerstall gehängt, damit das Federvieh mehr Eier legt und damit der Fuchs die Hühner nicht stiehlt, also als Glücksbringer. Und da der Stein auf die Hühner aufpassen sollte, hat man ihn **Hühnergott** genannt. In Wirklichkeit handelt es sich nur um einen Feuerstein, der in der Mitte durch Zufall ein Loch hat. Magische Kräfte hat er bestimmt nicht, oder?

Steine, die man riechen kann?

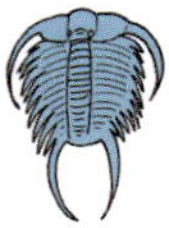

520

Es stimmt wirklich – man kann Steine manchmal am Geruch erkennen. Wenn man an bestimmten Steinen mit einem Taschenmesser oder einem Nagel kratzt, kann man einen Geruch nach Heizöl, Benzin oder Schwefelwasserstoff wahrnehmen. Daher trägt der Stein auch den Namen **„Stinkkalk"**. Vielleicht habt ihr im Wattenmeer schon einmal wenige Millimeter unter dem braunen Mulm auf der Wattoberfläche tiefschwarzen Sand gesehen. Dieser riecht nach faulen Eiern. Stinkkalk ist im Prinzip nichts anderes als versteinerter Faulschlamm.

Stinkkalke sind nicht leicht zu finden. Es sind braune bis grauschwarze Kalke, manchmal mit hellen Schichten oder dünnen weißen Linien, die das Gestein durchziehen.

Steine, die man hören kann?

Wenn man Glück hat, findet man am Strand oder auf einem Feld kleine runde **Feuersteinkugeln**, die klappern, wenn man sie schüttelt. Des Rätsels Lösung ist ganz einfach: Vor Urzeiten hat sich um einen kleinen Schwamm herum eine Feuersteinknolle gebildet. Der Schwamm im Inneren löst sich im Laufe der Zeit von der Wand ab (er verwittert) und bewegt sich – es klappert. Feuersteinkugeln findet man häufig am Strand – ein echter Klapperstein ist aber selten.

Steine, die man sehen kann?

Der ganze Strand ist voll davon. Soweit das Auge blickt. Aber ist euch schon einmal aufgefallen, dass die Steine am Strand oftmals nach Größe sortiert sind? Direkt am Wasser liegen die dicksten Klamotten, dann kommen ganz kleine Kiesel, und wieder etwas größere befinden sich weiter oben. Die Wellen haben die Steine so sortiert.

In jedem Streifen kann man übrigens besondere Sachen finden. Zwischen den ganz kleinen Kieseln liegen manchmal kleine Versteinerungen wie Armfüßer, Seelilienstielglieder oder Kugelschwämme.

Im groben Kies findet man Seeigel und Donnerkeile. Und zwischen den größeren Brocken kann man versteinerte Austern, Kopffüßer, Schwämme oder Steine voller Muschelschalen finden.

Steine, die man fühlen kann?

Na klar, und sie sind ganz schön schwer, besonders die großen. Versucht einmal, einen Stein am Strand hoch zu heben. Welchen schafft ihr denn noch? Der Stein im Bild liegt am Strand von Großenbrode bei Heiligenhafen (Schleswig-Holstein). Er ist etwa 6,5 Meter lang und wiegt wiegt fast 50 Tonnen, soviel wie 10 Elefanten, 50 Autos oder 1,6 Millionen Mäuse!

Ihr könnt mit der Hilfe eurer Eltern ausrechnen, wieviel ein Findling wiegt: Länge x Breite x Höhe x 1,62*.

***Anmerkung zur Formel**
Granit hat ein spezifisches Gewicht von 2,7 g/cm³, d. h. ein Würfel von 10 x 10 x 10 cm wiegt 2,7 kg. Das Gewicht eines Findlings errechnet sich folgendermaßen: größte Länge x größte Breite x größte Höhe x spezifisches Gewicht (2,7) x 0,6 für die Zurundung. Bei eher kugelförmigen Steinen muss man statt 0,6 den Wert 0,523 nehmen, bei einer Quaderform des Findlings ist der Wert auf 0,7 bis 0,8 zu erhöhen.

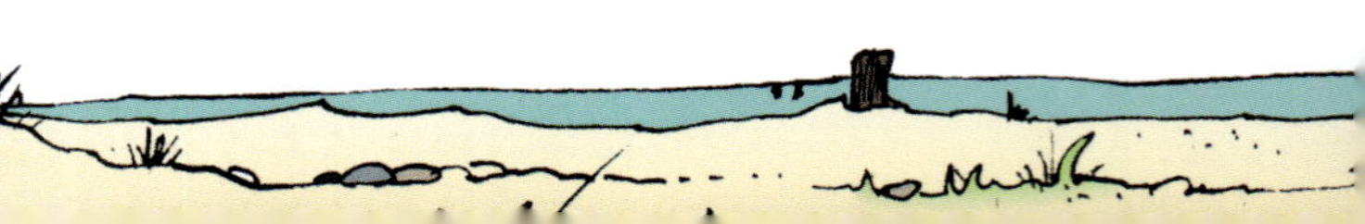

Steine, die man schmecken kann?

Auch die gibt es, aber leider nicht bei uns am Strand: Steinsalz. Steckt euren Finger ins Meerwasser und leckt daran – es schmeckt salzig. Aufgelöstes Steinsalz kommt reichlich im Meerwasser vor. Tragt einmal einen Becher Meerwasser nach Hause. Dann nehmt ihr einen Wollfaden und knotet ihn an ein Stäbchen, das ihr über den Becher legt. Der Faden hängt dabei ins Wasser. Nach einigen Stunden oder Tagen bilden sich am Faden kleine Salzkristalle. Oder ihr lasst das Wasser einfach in einer flachen Schale verdunsten. Am Boden bleiben dann Kristalle zurück – Salz aus dem Meer.

Die Nordsee enthält viel mehr Salz als die Ostsee und ihr Wasser schmeckt deshalb salziger.

Woher kommen die Steine?

Fern der Heimat liegen die Steine heute am Strand. Entstanden sind sie vor Jahrmillionen im Norden, in Skandinavien. Die Gletscher der Eiszeit haben Sie nach Norddeutschland geschoben. Einige Steine sind mehr als 1000 Kilometer weit gereist, andere stammen aus dem unmittelbaren Untergrund des Fundortes.

Die ältesten Steine, die wir finden können, sind rund 2.000.000.000 (2 Milliarden) Jahre alt, die jüngsten nur wenige Millionen. **Sie stammen aus Dänemark, Norwegen, Schweden, vom Grund der Ostsee oder aus Finnland.**

Einige Steine sind mehr als 1000 Kilometer weit gereist.

Heute sind sie vereint an den Stränden der Nord- und Ostsee. Norwegische Gesteine findet man häufig an der Westküste Dänemarks. Bestimmte Granite stammen von der kleinen Inselgruppe Åland mitten in der Ostsee zwischen Schweden und Finnland (siehe Seite 42). Sie kommen häufig bei Heiligenhafen und an der nördlichen Eckernförder Bucht vor. Der Kinnediabas (siehe Seite 55) vom Südrand des Vänernsees, des größten Sees in Schweden, ist in Weißenhaus reichlich zu finden. Und auf Rügen gibt es ganz viele Steine, die aus Bornholm kommen. So hat jede Küste ihre Besonderheiten, und diese gilt es herauszufinden!

200 Kilometer
Norwegen
Schweden
Finnland
Åland
Vänernsee
Ostsee
Estland
Lettland
Litauen
Dänemark
Nordsee
Bornholm
Rügen
Polen
Deutschland

Tiefengesteine

Granit

Man nennt mich Granit. Ich bin tief unten in der Erde entstanden. Ich bin bunt gemustert, habe meistens rötliche Farben und bestehe aus drei Mineralen: rot ist der Feldspat, weiß der Quarz und schwarz der Glimmer. Ihr könnt euch diesen Satz merken:

1400-1900

**Feldspat, Quarz und Glimmer,
die drei vergisst man nimmer**

(meist heißt es aber: Feldspat, Quarz und Glimmer, die drei vergess' ich immer). Ich habe keine Schichten oder Streifen.

Hart wie Granit?

Ihr kennt sicher den Ausspruch „da beißt man auf Granit“ oder auch „hart wie Granit“. Das stimmt meistens, aber eben nicht immer. **Manche Granite sind durch Regen, Sonne und Frost verwittert und fallen fast auseinander**.
Solche Steine findet man meistens direkt am Fuß der Steilküste. Der Grund für das Bröckeln ist einfach. Die drei Minerale verwittern verschieden schnell: zuerst der Glimmer, dann der Feldspat und schließlich der Quarz. Dadurch verliert das Gestein seinen Zusammenhalt – und **du kannst mit der Hand Steine zerbrechen.** Na, wenn das nichts ist!

Rapakivi – „fauler Stein“

1600

Hallo, ich bin ein besonderer Granit, ein Rapakivi, und das bedeutet „fauler Stein“. Meine Grundfarbe ist rot. Als auffallendes Merkmal gelten die Ringe oder Kreise auf meiner Oberfläche. Es sind in Wirklichkeit Kugeln, in ihrer Mitte liegt ein roter Feldspat-Kristall. Die Kugeln verwittern, der Stein fällt auseinander. Deshalb spricht man von einem faulen bzw. faulenden Stein. Ich stamme von einer kleinen Inselgruppe zwischen Schweden und Finnland, den Åland-Inseln.

Schwarz-weißer Granit

1900

Seid mir gegrüßt! Ich bin auch ein Granit. Ich bestehe wie meine Kameraden aus Feldspat (hier ist er weiß), Quarz (blau bis farblos) und Glimmer (schwarz). Nicht alle Granite sind rot, es gibt auch solche wie mich, die schwarz-weißen Granite. Ich habe meistens keine Streifen.

Ich gehöre zu den ÄLTESTEN Steinen am Strand.

Pegmatit

Ich bin ein Pegmatit. Ich sehe so ähnlich aus wie ein Granit, bestehe auch aus rosa oder rotem Feldspat, milchig-weißem Quarz und dunklem Glimmer, aber...

› 1000

meine Kristalle sind viiiiieel größer.

Larvikit

300

Ich habe einen schwierigen Namen: Larvikit. Wenn ich trocken bin, bin ich unscheinbar grau mit einigen schwarzen Körnchen. Man findet mich besonders häufig in Norddänemark.

Macht meine Oberfläche nass, dann seht ihr im Sonnenlicht meine wunderbar blau schillernden Feldspat-Kristalle!

Diorit

›1000

Hallöchen! Man nennt mich Diorit. Ich sehe ähnlich aus wie ein Granit, mir fehlt aber meistens der Quarz. Deswegen bin ich auch nur schwarz und weiss.

Ich sehe aus wie Pfeffer und Salz.

Porphyr

Mich nennt man **Porphyr.** Ich bin rot oder schwarz und habe viele Körnchen, die man Einsprenglinge nennt, in meinem Bauch. Die habe ich bei einem Vulkanausbruch tief unten aus der Erde mitgebracht.

1600-1800 300

Rhombenporphyr

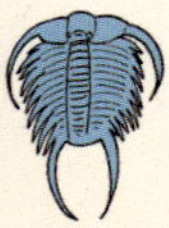

300

God dag! Ich komme aus Norwegen und heiße Rhombenporphyr. Ich bin ein ganz besonderes vulkanisches Gestein, denn ich besitze rhombenförmige Einschlüsse. Die erinnern mich immer an Salmiak-Pastillen.
Meine Haut ist rot bis lila. Ich habe übrigens einen guten Freund, den Rechteck-Porphyr. Der ist etwas dunkler, fast schwarz, und seine Einsprenglinge sind rechteckig, wie halt der Name schon sagt.

Blutwurststein

1800

Glück auf! Das ist ein alter Bergmannsgruß. Ihr braucht auch ein bisschen Glück, um mich am Strand zu finden. Dann seht ihr die weißen, abgerundeten Einsprenglinge, die ich aus dem Bauch der Erde mitgebracht habe. Ich gehöre nämlich auch zur Familie der Porphyre. Und weil die Einsprenglinge aussehen wie kleine Fleisch- oder Fettstückchen in einer Blutwurst, nennen mich die Geologen auch „Blutwurststein".

Ihr erkennt mich am besten, wenn ich nass bin.

Mandelstein

1600

Ich bin ein Mandelstein. Man kann mich nicht essen, aber die weißen oder bunten Einschlüsse in meiner braunen oder violetten Grundmasse nennt man Mandeln.
Manchmal habe ich auch kleine Achate in meinem Bauch. Ich bin ein vulkanisches Gestein. Übrigens habe ich noch jüngere Geschwister, die nur 300 Millionen Jahre alt sind.

Ignimbrit

Ich bin ein Ignimbrit, übersetzt bedeutet das **„Feuerregen“**.

Ich bin aus einer vulkanischen Glutwolke entstanden,

daher kommt mein Name. Wie mein bester Freund, der Porphyr, habe ich kleine Einsprenglinge in mir, aber man sieht noch zusätzlich dünne, flammenartige Streifen. Ich bin meist dunkelrot bis violett.

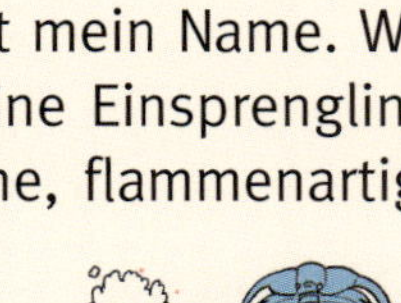

Basalt

Mich nennt man **Basalt** und bin ein vulkanisches Lavagestein. Viele Leute finden mich häßlich, weil ich nur schwarz oder grau bin und nicht einmal glänze. Aber manchmal habe ich kleine
170 gelb-grüne, glänzende Körnchen von Olivin in mir. Auf die bin ich besonders stolz. Im Laufe der Zeit fallen diese Körnchen heraus und hinterlassen kleine Löcher auf meiner Oberfläche. Daran könnt ihr mich auch erkennen.

Diabas

300

Ich heiße **Diabas**. Ich bin auch in einem Vulkan entstanden. Ich bin grau und meine Oberfläche ist oft ganz fleckig.

Ich bin sehr schwer.

Sucht einmal einen weißen Stein, der genauso groß ist wie ich. Am besten einen, mit dem man malen kann. Dann könnt ihr feststellen, dass es schwere und leichte Steine gibt, auch wenn sie gleich groß sind.

Umwandlungsgesteine

Gneis

› 1000

Ich bin ein **Gneis** und durch Druck tief unten in der Erde entstanden. Früher war ich einmal ein Granit oder ein anderes Gestein. Dann habe ich mich verwandelt. Ich habe verschiedenfarbige, unregelmäßige Streifen, aber keine Schichten.

Ihr findet mich sehr häufig an jedem Strand.

Gneis zum Selbermachen

Ein Gneis entsteht durch gewaltigen Gebirgsdruck. Dieser kann einen Granit einfach zerquetschen. Dann wird aus einem runden Feldspat ein dünnes rotes Band und aus einem dunklen Glimmerklumpen ein schwarzer Streifen.

1. Formt aus Knete einmal rote, weiße und schwarze Kugeln. Die roten sollten am größten und die schwarzen am kleinsten sein.

2. Dann legt ihr die Kugeln aneinander. Rollt das Ganze ein wenig in der Hand und ihr habt einen Granit.

3. Und nun dürft ihr Berg spielen und mit der Hand euren Granitklumpen zu einer Rolle formen, etwas flachdrücken und wieder in Form bringen.

4. Aus den Kugeln werden flache Scheiben und aus dem Granit wird ein Gneis.

Augengneis

›1000

Ich bin zwar ein **Augengneis,** aber sehen kann ich trotzdem nicht. In meinem gestreiften Körper wachsen neue Kristalle. Meist sind dies rote Feldspäte. Sie drücken die dunklen Glimmerstreifen auseinander und sehen aus wie Augen.

Edelsteine am Ostseestrand

1900

Habt ihr schon einmal etwas von einem **Granat-Gneis** gehört? Ich bin schwarz und weiß gestreift. Zwischen meinen Streifen liegen echte kleine Edelsteine: himbeerrote Granat-Kristalle, die ihr gut erkennen könnt. Sehr ähnlich ist übrigens ein Vetter von mir, der Granat-Amphibolit (den Namen müsst ihr mal versuchen auszusprechen). Er ist schwarz-weiß gemustert (nicht gestreift), und seine Granat-Kristalle sind dunkelrot.

Felsenfeuerstein

1900

Man nennt mich **Hälleflinta** oder **Felsenfeuerstein**. Ich bin sehr, sehr alt, der Ur-Ur-Ur-Opa unter den Strandsteinen. Man kann mich schwer beschreiben. Ich bin sehr hart, meist violett, grau oder braun und oft etwas schräg geformt. Ich bin aus einem zerquetschten Porphyr entstanden und habe manchmal auch noch kleine rosa Körnchen in mir.

Unakit

Ich bin etwas Besonderes: ein **Unakit**. Ursprünglich bestand ich nur aus rotem Feldspat und grauem Quarz, aber irgendwann haben sich bei mir Risse gebildet und die haben sich dann mit tollem, grünen Epidot gefüllt. Jetzt bin ich rot mit grünen Streifen.

Ihr könnt ihn am besten erkennen, wenn er im Wasser liegt.

Sandstein

Ich heiße **Sandstein** und bin im flachen Meer entstanden. Man sieht deutlich meine ganz geraden Schichten und manchmal auch noch kleine Sandkörnchen auf meiner Oberfläche. **Wenn man Glück hat, kann man Röhren erkennen, die vor langer Zeit Würmer in mich hineingegraben haben,** als ich noch weicher Sand war. Ich kann weiß, grau, gelb, braun, rot oder grün sein.

Quarzit

›1000

Früher war ich einmal ein Sandstein. Dann bin ich durch Druck und Hitze umgewandelt worden und nun heiße ich **Quarzit**. Ich bin weiß oder gelblich, manchmal auch rosa oder violett. Wenn ihr mich gegen das Licht haltet, bin ich leicht durchscheinend. Das seht ihr besonders gut, wenn ich nass bin. Und auch wenn ich wie ein Bonbon aussehe, essen könnt ihr mich nicht.

Feuerstein

60-70

Ich bin ein **Feuerstein**. Ich bin meist grau oder schwarz, manchmal auch gelb oder braun. Ich glänze wie Glas. Oft habe ich eine weiße Kruste auf meinem Rücken. Ich kann ganz lustige Formen annehmen. Und manchmal findet ihr Fossilien in meinem Inneren. Aber bitte Vorsicht! Ihr dürft mich nicht zerschlagen oder auf andere Steine werfen. **Meine Splitter sind sehr scharf und ihr könnt euch daran verletzen**. Ich bin übrigens zur Zeit der Dinosaurier entstanden.

Feuersteine

Pyritklumpen
(Schwefeleisenkies)

Baumpilz und
Birkenrinde

Funkenschläger

Kann Feuerstein brennen?

Nein, natürlich nicht. Aber man hat in der Steinzeit mit Feuerstein Funken geschlagen und so Feuer entfacht. Das geht aber nicht, wenn man zwei Feuersteine gegeneinander schlägt. Man braucht einen Feuerstein und ein Stückchen Eisen oder Stahl. Früher hat man einen Pyritklumpen (Schwefeleisenkies) genommen, später einen geschmiedeten Funkenschläger. Mit dem harten Feuerstein schlägt man kleine Eisenspäne ab, die verglühen und dieser Funke kann getrocknete Baumpilze oder Birkenrinde entfachen. **ACHTUNG! Feuer machen ist nur etwas für echte Steinzeitmenschen!** Ohne Schutzbrille und Handschuhe ist es sehr gefährlich! Feuersteinsplitter können stark blutende Wunden oder böse Verletzungen am Auge verursachen!

gebänderter Feuerstein

60-70

Bin ich nicht hübsch? Ich bin auch ein Feuerstein, aber ein ganz besonderer. Ich habe abwechselnd helle und dunkle Streifen. Manchmal durchziehen sie den ganzen Stein, machmal auch nicht. Man sagt, sie seien durch komplizierte chemische Vorgänge entstanden, aber das habe ich auch noch nicht so richtig kapiert.

U-Boot, Seehund & Co.

60-70

Feuerstein kann ganz lustige Formen annehmen, dann sieht er aus wie ein U-Boot, ein Drachenkopf, eine Schuhsohle, eine Erdnuss, ein Seehund, oder ...

Sucht am Strand doch einmal Steine, die euch an irgendetwas erinnern. Der Fantasie sind keine Grenzen gesetzt. Und manchmal könnt ihr mit einem Farbstift noch etwas nachhelfen: ein paar Striche oder ein Auge nachgemalt und schon ist die Schatzkiste im Kinderzimmer um eine Attraktion reicher.

Kalkstein

Ich bin ein **Kalkstein** und auf dem Meeresboden abgelagert worden. Deshalb bin ich geschichtet. Ich bin gleichmäßig weiß, grau und manchmal rot. Meine Haut fühlt sich stumpf an. Manchmal sieht man kleine Versteinerungen aus mir herausgucken.

Steine mit dem Hammer aufschlagen

Fossiliensammler schlagen manchmal **Kalksteine** auf, in der Hoffnung versteinerte Tiere darin zu finden. Ihr dürft das auch einmal versuchen: mit der stumpfen Seite eines Hammers auf die schmale Kante des Gesteins schlagen. Wer ungeübt ist, sollte zur Sicherheit unbedingt Schutzbrille und Handschuhe tragen. Mit etwas Geduld und Treffsicherheit bricht der Stein an seinen Schichten auseinander und **mit ganz viel Glück kann man Reste von Muscheln, Seeigeln oder anderen Versteinerungen finden**. Granit, Gneis, Porphyr usw. sind einfach zu hart zum Aufschlagen, das können nur echte Geologen. Als sie entstanden sind, gab es auch noch keine Tiere. Und **bitte NICHT auf Feuerstein klopfen**, er splittert und solche Splitter können sogar eine Glasbrille durchschlagen!

Tonschiefer

400-500

Ich bin schwarz und fein geschichtet. Ich bin ein **Tonschiefer**. Meine Oberfläche fühlt sich manchmal an wie Samt, so feinkörnig bin ich. Man findet mich meist nur in kleinen, dünnen Stücken.

Kreide 

70

Ich bin auch ein Kalkstein, aber ein ganz weißer und ganz weicher. Ich habe nichts mit der Tafelkreide zu tun, obwohl man mit mir auch schreiben kann. Ich bin in der Kreidezeit entstanden, als noch Dinosaurier lebten. Daher rührt mein Name.

Probiert es aus und schreibt euren Namen auf den nächsten großen Stein, den ihr am Strand findet.

Konglomerat

Bei mir liegen kleine, abgerollte Steine im Stein. Ich bin grau, weiß, gelb, braun oder rot. Meistens sind die Gerölle in meinem Inneren alle gleich groß, und sie haben meistens auch alle die gleiche Farbe.

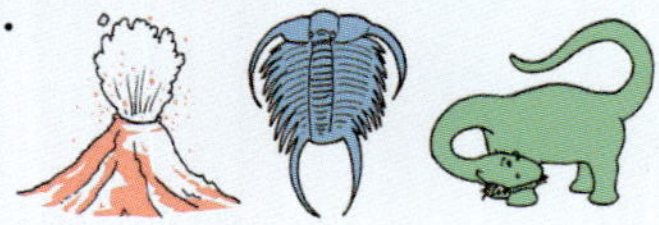

Ein Konglomerat ist sozusagen ein versteinerter Strand

Brekzie

Hi, ich bin eine **Brekzie**. Früher war ich einmal ein schöner Stein, dann bin ich zerbrochen. Vielleicht war ein Erdbeben schuld daran. Nach langer Zeit wurde ich wieder zusammengekittet. Ihr könnt in meinem Inneren noch die eckigen und kantigen Bruchstücke meines früheren Körpers sehen. Ich finde mich heute richtig hübsch. Ich kann übrigens verschiedene Farben haben.

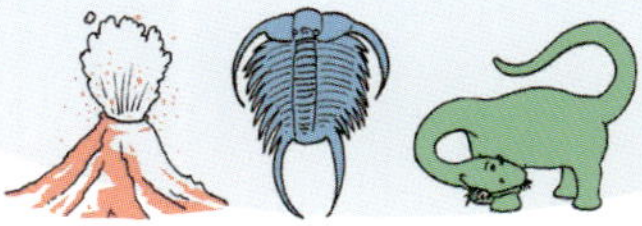

Faserkalk

50

Moin, darf ich mich vorstellen? **Faserkalk** mein Name. Aufgrund meines fein gestreiften Aussehens, meiner hübschen Quernaht und meines seidigen Glanzes haben mich die Frauen früher oft als Schmuck getragen. Man nennt mich deshalb auch Ostsee-Jade. Wenn ihr mich hoch haltet, scheint das Sonnenlicht ein wenig durch mich hindurch. Manchmal sehe ich aus wie versteinertes Holz.

Hexenschüsseln

Hallo, wir sind gar nicht so gruselig, wie unser Name vermuten lässt. Wir haben zwar eine harte Schale, aber einen weichen Kern. In unserem Innern befand sich einst weicher Sandstein. Außen hat sich eine harte, eisenhaltige Kruste gebildet. Der Sand ist im Laufe der Jahre ausgewaschen worden, doch die Hülle ist erhalten geblieben.

20

Früher haben die Leute gedacht, diese Schalen sind das Geschirr von einem sagenhaften Zwergenvolk, den „Unnerersken", das vor vielen hundert Jahren im Norden Schleswig-Holsteins lebte. Das Volk ist eines Tages ausgewandert, die kleinen Hexenschüsseln blieben im Sand zurück.

Bernstein

50

Bernstein ist versteinertes Harz von Bäumen. Ihr kennt es vielleicht von Kiefern oder Tannen, aber auch bei Kirsch- und Pflaumenbäumen tritt aus einer Verletzung der Rinde Harz aus. Das Harz läuft am Baum herunter und wird irgendwann hart. Manchmal setzt sich eine Fliege oder Mücke auf den glitzernden Harztropfen, klebt fest und wird eingeschlossen. Bernstein kann man am besten an der Nordsee finden, dort wo kleine Holzstückchen in den Wellenrippeln liegen, oder nach einem Sturm am Ostseestrand zwischen dem Seetang.

Im Bernstein kann man uralte Insekten entdecken.

Bernstein?

Wisst ihr, wie man Bernstein erkennt? Sehr viel häufiger ist am Strand nämlich gelber Feuerstein (10 Stücke im Bild links). Und manchmal findet man auch abgeschliffene Glasscherben (7 Stücke im Bild rechts unten).

- Bernstein (7 Stücke im Bild oben rechts) ist sehr leicht.
- Löst in einem Glas Wasser sehr viel Salz auf, Bernstein schwimmt, Feuerstein geht unter.
- Bernstein brennt, kann mit einem Feuerzeug angezündet werden – aber das ist ja schade um euren Fund.
- Ihr könnt auch vorsichtig mit eurem Fund an eure Zähne klopfen. Bernstein ist weich, angenehm, Feuerstein ist kalt und hart.
- Bernstein lässt sich mit einem Stück Sandpapier schleifen, riecht dann nach Harz.

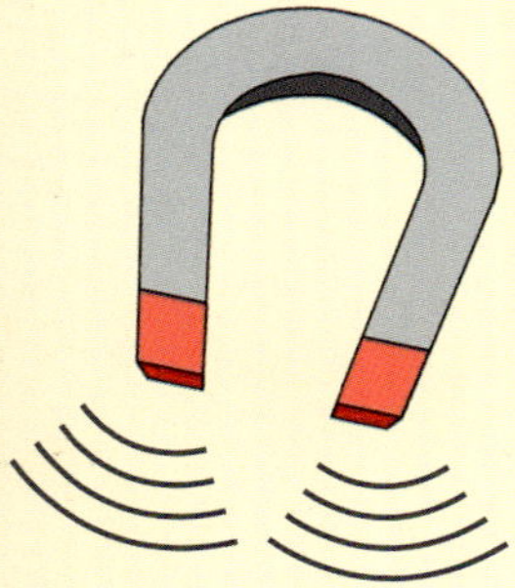

Magnetischer Sand

An vielen Küsten findet man, besonders nach Stürmen, schwarzen Sand. Er kommt in dünnen Schichten am oberen Spülsaum vor. Hier haben die Wellen schwere Sandkörner abgelagert – die leichten Körner haben sie wieder fortgespült. So lagern sich nach und nach dunkle Sandschichten ab.

Wenn man den Sand mit der Lupe betrachtet, kann man viele tolle Sandkörnchen sehen.

Einige Sandkörnchen sind leuchtend rot: **Granat-Kristalle, echte Edelsteine!** Die meisten aber sind schwarz. Und das tollste ist, dass einige von denen magnetisch sind! Am besten sperrt ihr ein wenig schwarzen Sand in eine Schachtel und bewegt ihn dann von unten mit einem Magneten.

Donnerkeile

70 Der Sage nach hat der Donnergott Thor die Donnerkeile mit seinem Hammer durch die Wolken geschlagen. Dabei entstanden Blitz und Donner. Die Donnerkeile dringen sieben Klafter (1 Klafter = 1,80 m) tief in die Erde ein, wachsen pro Jahr ein Klafter nach oben und können nach sieben Jahren an der Oberfläche abgesammelt werden. Wer einen Donnerkeil bei sich trägt, kann nicht mehr vom Blitz getroffen werden. In Wirklichkeit sind die Donnerkeile Gehäusespitzen ausgestorbener Tintenfische, der Belemniten. Die Belemniten lebten übrigens zur selben Zeit wie die Dinosaurier. Man findet Donnerkeile im groben Kies an fast allen Stränden, Spitzen sind jedoch relativ selten. Sie sind bernsteinfarben und strahlig aufgebaut, in der Mitte verläuft ein schmaler Kanal.

Seeigel

60-70

Seeigel erkennt man an den fünf Strahlen, die über das Gehäuse hinweg laufen. Auch die verwandten Seesterne haben fünf Arme. **Es gibt zwei große Gruppen von Seeigeln.**

Die einen heißen *reguläre* Seeigel. Sie haben den Mund auf der Unterseite, den After oben. Sie weiden Algen von Felsen ab und haben sehr lange Stacheln. Sie sind in der Regel kreisrund. Ihr kennt sie vielleicht aus dem Mittelmeer.

Die *irregulären* Seeigel haben nur ein kurzes Stachelkleid. Sie graben im Sand. Bei ihnen sind Mund und After auf der Unterseite gelegen, man sieht dort also zwei Öffnungen. Ihr müsst euren Fund also einmal umdrehen. Der Umriss dieser Seeigel ist leicht eiförmig.

Kugelschwämme

70

Zwischen den Kieseln am Strand findet man manchmal kleine kugelige Schwämme. Ihr Durchmesser beträgt zwischen einem halben und einem Zentimeter, sie sind also so groß wie euer Fingernagel. Die Oberfläche ist porös, wie man es bei einem Schwamm erwartet.

Steinzeitschmuck

Viele der Schwämme haben eine Vertiefung oder manchmal auch ein kleines Loch. Vor Urzeiten haben Raubschnecken dieses Loch in den Schwammkörper gefressen und deshalb sehen diese Schwämme wie Perlen aus.

Man kann diese Schwämme nun auf eine Kette ziehen, und das haben die Menschen in der Steinzeit tatsächlich gemacht. Ihr müsst zwar ganz schön lange suchen, bis ihr genug Perlenschwämme für eine lange Kette wie auf dem Foto zusammenhabt, aber diese ist dann auch etwas ganz Besonderes.

Austern

70

Austern gehören zu den Muscheln. Sie haben zwei Klappen, die aber ganz unterschiedlich aussehen. Mit der sehr dicken Klappe sind sie am Untergrund festgewachsen. Eine dünne Klappe liegt wie ein Deckel auf. Man kann die Austernschalen lose oder mit Feuerstein gefüllt finden.

Kopffüßer

450

Kopffüßer kennt ihr sicher von der Pizza oder als leckere Tintenfischringe. Ihre Vorfahren lebten schon vor 450 Millionen Jahren. Damals hatten sie noch **ein Gehäuse aus Kalk, das so lang wie ein Besenstiel und so dick wie ein Arm sein konnte.** Das Gehäuse hatte eine Wohnkammer und zahlreiche Luftkammern. Über einen dünnen Kanal, den Sipho, konnte das Tier Gas oder Wasser in die Kammern pumpen und wie ein U-Boot nach oben oder nach unten schwimmen. Die gekammerten Gehäuse kann man heute versteinert am Strand finden, meistens in rotem Kalkstein.

Moostierchen

Auf ganz vielen Feuersteinen könnt ihr kleine, weiße Linien erkennen. Wenn ihr ganz genau hinseht, stellt ihr fest, dass diese winzige Löcher haben. Es sind Moostierchen. In jeder dieser Öffnungen saß ein kleiner Polyp und hat mit seinen Tentakeln Nahrung aus dem Wasser gefischt. Die Moostierchen leben in Kolonien. Ihr Gerüst aus Kalk zerbricht sehr schnell, aber die einzelnen Ästchen bleiben erhalten. **Moostierchen leben im Meer, auch heute noch.** Auf Miesmuschel-Schalen oder Seetang kann man kleine, weiße, löchrige Krusten erkennen. Auch das sind Moostierchen. **Und Feuersteine mit 60 - 70 Millionen Jahre alten Moostierchen findet man an jedem Strand!**

60-70

Man kann Armfüßer lose im Kies finden.

Armfüßer

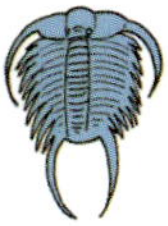

400

Armfüßer haben weder Arme noch Füße. In der Fachsprache heißen sie Brachiopoden. Sie sehen ähnlich aus wie Muscheln, man kann sie aber ganz einfach unterscheiden.
Muscheln haben eine rechte und eine linke Klappe, die zueinander spiegelbildlich sind. Brachiopoden haben eine vordere und eine hintere Klappe, die verschieden groß sind. Die größere heißt Stielklappe. Einige Arten tragen am „Schnabel" ein Loch. Hier war das Tier mit einem Stiel am Untergrund festgewachsen. Die andere Klappe heißt Armklappe. Im Inneren der Schale trägt das Tier ein „Armgerüst", auf dem viele Tentakeln sitzen und Wasser filtern. Jede Klappe der Brachiopoden ist in sich symmetrisch.

Grabgänge

50

Manchmal findet man am Strand braune, längliche Gebilde mit seltsam knotiger Oberfläche. Es handelt sich dabei um die Grabgänge ausgestorbener Krebse. Sie haben ihren Gang mit Kot-Pellets ausgestopft und so entsteht ein ganz typischer, teils meterlanger Bau. Das war vor 50 Millionen Jahren. Heute findet man die Bruchstücke des uralten Krebsbaues am Strand.

Kieselringe

70

Wenn Tiere versteinern, wird ihre ursprüngliche Schale durch Minerale ersetzt. Oftmals ist das Kieselsäure, die die Struktur der Muschelschale oder das Gehäuse der Donnerkeile abformt. Quarz, Feuerstein oder Bergkristall, ja sogar Fensterglas bestehen aus Kieselsäure. Und auch viele Versteinerungen, die wir am Strand finden können.

Manchmal haben Austernschalen und Donnerkeile kleine Ringe auf der Oberfläche. Diese Ringe entstehen, wenn die Verkieselung noch nicht völlig abgeschlossen ist. Durch Verwitterung treten diese hübschen Strukturen dann deutlich hervor.

Steinbeißer

Es gibt kleine Würmer, die beißen Löcher in Kalksteine. Man nennt das Tier auch Bohrringelwurm. Der Wurm wohnt in den Löchern, streckt seine Tentakeln aus und fängt sich winzige Nahrungsbröckchen aus dem Wasser. Der Bohrringelwurm kann nur in weichen Kalksteinen bohren. Granit, Feuerstein und all die anderen Steine sind zu hart. **Alle Steine mit Bohrlöchern sind deshalb Kalksteine**.

Gestrandet

Nein, das ist kein Indiaca aus der Steinzeit, auch kein Meteorit mit Feuerschweif. **Eine Seetang-Pflanze ist an einem Stein festgewachsen.** Bei einem Sturm sind beide angespült worden. Seetang hält sich so fest, dass selbst kopfgroße und viele Kilo schwere Steine vom Grund der Ostsee von den Wellen an den Strand geworfen werden können.

Geologische Fachbegriffe sind nicht immer leicht zu verstehen. Einfacher geht es mit einem Rezept. **Wir backen Gesteine:**

Einsprenglinge – **kleine Kristalle**, die in einer einfarbigen Grundmasse liegen. Sie entstehen tief in der Erde, wenn das Magma (siehe unten) sich abkühlt. Bei einem Vulkanausbruch werden die Kristalle mitgerissen und in die Lava eingebacken. Alle Porphyre enthalten Einsprenglinge. In unserem Rezept sind das die Rosinen und Nüsse, die in den Teig kommen.

Feldspat – **das häufigste Mineral der Erde**. Die Kristalle sind meist rosa, rot, oder gelb, aber auch weiße und grüne Farben kommen vor. Bruchflächen eines zerbrochenen Kristalls spiegeln das Sonnenlicht. Feldspat ist eine sehr wichtige Zutat für Granite.

Glimmer – **ein glänzendes Mineral**, das in kleinen, dünnen Blättchen im Gestein liegt. Diese Schüppchen reflektieren das Sonnenlicht, das Gestein schimmert silbrig oder golden. Glimmer kommt in den Teig für Granit und Gneis.

Grundmasse – das ist der **Teig unseres Gesteins**. Alle Zutaten sind miteinander vermischt und man kann mit bloßem Auge nicht mehr erkennen, was alles im Teig enthalten ist.

Kristalle – jedes Mineral wächst auf eine ganz bestimmt Art und Weise, bildet dabei Kristalle. Mandeln sehen ja auch anders aus als Haselnüsse.

Magma – **geschmolzenes Gestein**. Es bildet sich tief unten in der Erde. Tritt das Magma an der Erdoberfläche aus, beispielweise bei einem Vulkanausbruch, spricht man von Lava. Magma ist der noch flüssige Kuchenteig. Zuviel Backpulver oder Hefe, und der Teig bläht sich auf. Wenn er über den Rand der Schüssel geht, kann man das mit einem Vulkanausbruch vergleichen.

metamorph – **umgewandelt**. Metamorphe Gesteine haben sich durch Druck und Hitze im Laufe von Jahrmillionen aus anderen Gesteinen gebildet. Aus einem Granit wird ein Gneis oder aus einem Kalkstein entsteht Marmor. In unserem Teig liegen viele kugelrunde Rosinen. Nun nehmen wir das Nudelholz und walzen den Teig aus, legen ihn wieder zusammen und walzen noch einmal. Das wiederholen wir ein paar Mal. Die runden Rosinen werden alle flachgedrückt. Wenn man den Teig durchschneidet, sieht man jetzt Rosinenstreifen.

Minerale, Mineralien – das sind die **Zutaten, die in unseren „Teig" kommen**. Jedes Gestein besteht aus verschiedenen Mineralen, jeder Kuchen aus verschiedenen Zutaten. Jedes Gestein sieht anders aus und jeder Kuchen schmeckt anders.

Quarz – **ein Mineral, das aus Kieselsäure besteht**. Quarz ist meist weiß, grau oder blau und durchscheinend. Es ist ziemlich hart. Der Sand am Strand besteht zum größten Teil aus winzigen Quarzkörnchen. Quarz gehört in den Teig für Granit, Gneis und Sandstein, manchmal kommt er auch in den Porphyr.

Sedimente, Sedimentgesteine – **Ablagerungsgesteine**, die meistens am Meeresboden entstehen. Eine Schicht nach der anderen setzt sich ab. Man kennt Sandsteine, Kalksteine und Schiefer. Oftmals kann man bei Sandsteinen noch die einzelnen Sandkörnchen erkennen, aus denen das Gestein aufgebaut ist. Wir haben unseren Teig ausgerollt und schneiden ihn in viele Stücke. Diese legen wir aufeinander. Am schönsten sieht es aus, wenn wir normalen Teig und Schokoladenteig abwechselnd nehmen. Wenn man den fertigen Kuchen in Stücke schneidet, sieht man die einzelnen Schichten ganz deutlich, die wir nach und nach aufeinandergetürmt haben.

Index

Hier sehr ihr, auf welchen Seiten ihr Fachbegriffe und Steine findet.

Literaturtipps für Eltern und Kinder

BAUM, H. & BÜCKEN, H. (1995): Kiesel, Schotter, Hinkelstein. Geschichten und Spielereien rund um Steine. – 101 S., zahlr. Abb.; Münster (Ökotopia Verlag).

BINGHAM, C. & HÖRMANN. B. (2004): Die Welt erleben und verstehen. Steine und Mineralien. – 48 S., zahlr. farbige Abb.; München (Dorling Kindersley Verlag).

BUGGISCH, W. & BUGGISCH, C. (1994): Was ist Was? Mineralien und Gesteine. – 48 S., zahlr. farbige Abb.; Nürnberg (Tessloff Verlag).

BUGGISCH, W. (2006): Was ist Was? Fossilien. – 48 S., zahlr. farbige Abb.; Nürnberg (Tessloff Verlag).

CRUMMENERL, R. (2004): Das will ich wissen. Steine und Mineralien. – 48 S., zahlr. farbige Abb., Würzburg (Arena Verlag).

DURANTHON, F. (2003): ENSSLINS kleine Naturführer: Fossilien entdecken. 32 S., zahlr. farbige Abb.; Würzburg (Arena Verlag).

DURANTHON, F. (2004): ENSSLINS kleine Naturführer: Mineralien und Edelsteine sammeln. – 32 S., zahlr. farbige Abb.; Würzburg (Arena Verlag).

FARNDON, J. (2005): Wissen mit Links. Steine und Mineralien. – 96 S., zahlr. farbige Abb.; Starnberg (Dorling-Kindersley Verlag).

FROMMHERZ, A. (2008): Naturwerkstatt Steine. Kreatives Spielen und Gestalten mit Steinen. – 136 S., 180 Abb.; Baden (AT Verlag).

GEO STEP BY STEP (O.J.): Eiszeit, Steine und mehr... Anregungen für den handlungsorientierten Unterricht. – 55 S., zahlr. Abb.; Kiel (Geo Step by Step).

HONIG, G. (1981): Fossilien sammeln. Auf der Suche nach der Welt von gestern. – 117 S., 51 Abb.; Herford (Bussesche Verlagshandlung).

HYNES, M. (2007): Wissen erleben: Steine und Fossilien. Auf den Spuren der Erdgeschichte. – 64 S., zahlr. farbige Abb.; Würzburg (Arena Verlag).

LATORRE, S. & NABER, A. (1999): Das kreative Sachbuch Steine. – 36 S., zahlr. farbige Abb.; Dietzenbach (Als Verlag).

Maurer, G. (1993): Gesteine und Mineralien. Mein erstes Bestimmungsbuch. – 143 S., zahlr. meist farbige Abb.; Stuttgart (Klett Verlag).

Morgan, B. (2006): Beobachten und experimentieren: Steine und Fossilien. – 72 S., zahlr. farbige Abb.; Starnberg (Dorling Kindersley Verlag).

O'Donoghue, M. (2006): Wissen und entdecken. Steine und Mineralien – 80 S., zahlr., farbige Abb.; Würzburg (Arena Verlag).

Parker, S. (2003): Naturführer für Kinder: Steine und Mineralien. – 61 S., zahlr. farbige Abb.; München (Dorling Kindersley Verlag).

Pesek, L. (1972): Nur ein Stein. – 78 S., zahlr. Abb.; Weinheim & Basel (Beltz Verlag).

Rudolph, F. (2008): Strandsteine, 8. Auflage. – 160 S., zahlr. farbige Abb.; Neumünster (Wachholtz Verlag).

Rudolph, F. (2008): Noch mehr Strandsteine. – 224 S., zahlr. farbige Abb.; Neumünster (Wachholtz Verlag).

Schumann, W. (1976): Juniorwissen: Steine sammeln. – 43 S., zahlr. farbige Abb.; München (BLV).

Schumann, W. (1982): Mein Hobby: Steine sammeln. Was – wie – wo? – 191 S., zahlr., meist farbige Abb.; München (BLV).

Symes, R.F. (2007): Sehen, Staunen, Wissen: Gesteine. – 64 S., 100 farbige Abb.; Hildesheim (Gerstenberg Verlag).

Taylor, B. (2002): Wissen für Kinder: Steine und Fossilien. – 120 S., zahlr. farbige Abb.; München (Bertelsmann Jugendbuch Verlag).

Taylor, P.D. (2004): Sehen, Staunen, Wissen: Fossilien. – 64 S., 100 farbige Abb.; Hildesheim (Gerstenberg Verlag).

Vorwerk, G. (2000): Sach- und Machbuch Steine. – 48 S., zahlr. Abb.; Lichtenau (AOL Verlag).

Wissler, M. & Zindler, K. (1999): Die Stein-Werkstatt. – 70 S., zahlr. Abb.; Mühlheim (Verlag an der Ruhr).

Wooley, A. (1987): Wir entdecken und bestimmen: Gesteine. – 80 S., zahlr., meist farbige Abb.; Ravensburg (Ravensburger Buchverlag).

Zum Schluss noch ein Lächeln...

Dankeschön

Viele Kids haben zum Gelingen des Buches beigetragen: Sarah Griese, Michael Griese, Amelie Gorzolka, Henry Gorzolka, Henrike Heinrich, Marie Heinrich, Julia Manthey, Lena Manthey, Jelle-Fin Müller, Jana Rudolph, Miriam Rudolph.
Lutz Mathesdorf fertigte die ausdrucksstarken Zeichnungen.
Michel Kreuz übernahm die liebevolle Gestaltung und das Layout des Buches.
Dem gesamten Team des Wachholtz Verlages danke ich für die stets hervorragende Zusammenarbeit.